これでミスやエラーは防げる!! ②
―不安全行動にストップをかける「知恵と工夫」―
CONTENTS

◆「自分だけは……」というけれど…………………………… 2

◆こんな災害やヒヤリが起きている！………………………… 4

◆よくあるヒヤリ・ハット例…………………………………… 36

◆ミスやエラーをしてしまうパターン………………………… 38
  エラーにつながる20の原因・要因／作業員の心理状態が招くミス／個人の性格的な特徴も影響する／エラー度チェック20

◆どうしたらミスやエラーを防げるか………………………… 46
  ◎決められたルールや手順を守って作業しよう
   作業手順

  ◎施工現場での安全活動への積極的な参加を
   危険予知活動、ヒヤリ・ハット報告、その他

  ◎一人ひとりに実践してもらいたいエラー防止法
   １人ＫＹ／指差呼称／朝の体操、疲労回復ストレッチ

◆〝忠告・教訓〟となる「ことわざ」をちょっと……………… 54

◆自分と仲間たちの身を守るために……………………… 58

accident prevention

「自分だけは……」というけれど

　建設現場には危険がいっぱい——そう感じている人は大勢います。だからこそ、誰もが、あれこれ用心しながら作業をするのですが、それが長く続くうちに注意がにぶってきて「オレがケガなどするはずがない」とか「自分だけは大丈夫だ！」という気持ちが強くなりがちです。

　作業に慣れて仕事をスムーズにこなせるようになると、いつの間にか「安全」のことが頭から離れ、自分が作業中に負傷することなど思いもよらなくなります。そういう心のゆるみにつけ込むようにして災害は起こります。

　死傷者数 13,839 人、死亡者数が 293 人。これは建設業で 1 年間（平成 29 年）に発生した労働災害の実数（同年 12 月末速報値）です。その数から「1 日に 40 人近くが死傷している」と考えると、ぞっとします。

原因は被災者のちょっとした油断、自分でも気づかないうちのミスやエラーによるものが多いといわれています。もちろん避けようのなかった事故や災害もありますが、無意識のうちの不安全行動が原因の大半を占めているのが現実です。

　そうした取り返しのつかない大ケガや、生命に関わる重い災害にあわないためにはどうすればいいか。

　このポケットブックでは災害につながるミスやエラーの発生要因をもう一度見直し、それに早く気づくためのポイントと、危険を避ける方法などをまとめています。

〝自分自身と、現場で一緒に働く仲間達の身を守る〟そのミニ・ガイドブックとして、ぜひ活用して下さい。

accident prevention

こんな災害やヒヤリが起きている！

事例　固定する前の足場板に乗って落ちる

発生状況

コンクリート床から 2.5 mの高さで、足場組立のため作業床から 90cm の高さに親綱を張っていたAさん。足場板を番線で固定しようとして、その足場板を踏んだところ足が滑ってズレたため、バランスを崩し転落した。ハーネスタイプの安全帯をしていたが、安全帯のロープが 1.5 mあったため、安全帯のロープが効く前に左足がコンクリートの床に着地し、足首を骨折した。

災害で明らかになったミス、エラー

①まだ固定していない足場板に乗ってしまった。

（ついウッカリだったのか、**作業動作をちゃんと身に付けていなかったのか**……。どちらにしてもあまり危険とは思わずに作業をしていたようです。）

②親綱を張った位置が低いと**気づかなかった**。

③ベルトタイプの安全帯は腰の高さからロープが伸びるが、ハーネスタイプのロープはそれより上の背中から伸びるため、より下まで落ちることを**知らなかった**。

覚えておきたいポイント

- 一般に安全帯のフックは、腰の高さより高い所に掛けることになっています。2～3mの墜落では、床まで落ちてしまうことがありますが、それでも安全帯の使用によってケガを軽くすることが期待できます。**高所作業時の安全帯使用は絶対です‼**

- 足場の組立・解体中の災害にはこのほか、**工具や資材を落として地上の作業員を負傷させる**とか、枠組み足場の枠をはめ込もうとして**バランスを崩し墜落する**といった事例が多くあります。作業前には、自分がウッカリや油断で災害を起こさないかを考えてみましょう。

枠組み足場を解体中に墜落

発生状況

5階建工場の新築工事現場で、2週目を迎えた枠組み外部足場の解体作業中、残り3段目になった時、控えパイプを撤去しようと枠組みに緊結していたクランプを外した。そのあと作業員は、地上に誰もいなかったので、そのパイプを放り投げた瞬間、パイプに残していたクランプが皮手袋のすき間に滑り込み、作業者本人がパイプと一緒に地上まで墜落した。

 ### 災害で明らかになったミス、エラー

①上段の足場では安全帯を使っていたが、3段目なので危険意識が薄れ、安全帯なしで作業をしていた。

②クランプが皮手袋に引っ掛かるとは、考えなかった。

③1人でも出来ると、軽い気持ちで作業していた。

④作業が2週目に入り、安全意識が薄れていた。

⑤ミスやエラーの要因としては**危険軽視、慣れ、省略行為、うっかり**などが考えられる。

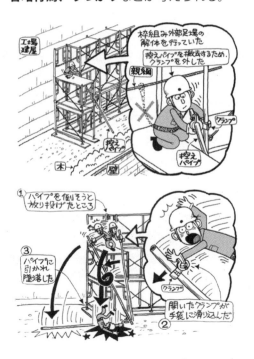

覚えておきたいポイント

●足場での事故災害の多くは組立て・解体中に発生しています。

　よく鳶工さんから「**30 mから墜落する鳶工はいない。落ちるのは足場の2段目だ**」という話を聞きます。災害発生が、慣れや危険軽視による安全意識の低下によることを言い表したものです。

●本人が本当に危ないと感じているときは、誰に言われなくても自分の身を守るために安全な作業をします。

　しかし、作業に慣れてくると効率を求め、つい**省略**や**近道**をする気持ちになり、そこに**油断**が生まれます。

●経験豊富なベテランともなると、自負・自信と油断が紙一重になりがちです。ご用心を！

事例 可搬式作業台の端から転落し顔面骨折

発生状況

建築工事現場でBさんは、スラブ上で可搬式作業台（H＝80cm）を使用して大梁の側型枠の締め付け作業をしていた。その日の最後の作業だったが、作業台端部から身を乗り出して締め付けをしていた時に足を踏み外し、転落して顔面を骨折するという重傷を負った。

災害で明らかになったミス、エラー

①手元の作業に気を取られていたらしく、Bさんには横移動したときに足を踏み外してしまうという**危険意識が薄かった**。

②作業台の端から身を乗り出して作業をすることの危険性を多少は感じていたが、よくある作業なので**いつもどおりで大丈夫と思った**。

③当日の最後の作業だったので早く仕事を終えよ

うと、足場を移動させずに**無理な体勢で作業**をしてしまった。

④最初のうちは作業台を作業位置にきちんと移動していたが、そのうち**面倒になって**位置変えを**省いてしまった**。

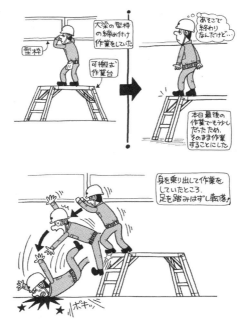

覚えておきたいポイント

●**可搬式作業台での作業に関する注意点**には他に、

・安定した堅固な地盤や床上に設置する

・天板は水平な状態で使用する

・力を入れる作業では反動での墜落に気をつける

・踏さんの上では作業しない

・手に荷物を持って昇降しない

・必ず作業台に向かって昇降する

・別の作業台に飛び移らない

──などがあります。

●手摺り付きの可搬式作業台がありますが、この**手摺りは端部を感知するためのもの**と考えて下さい。**手摺りにあまり体重をかけると、作業台ごと転倒する**ことがあります。

事例 高所作業車で上昇中、下がり壁に挟まれる

発生状況

ブーム式高所作業車に乗り、作業床を上昇中に下がり壁に気づかないまま上昇し、下がり壁と作業床の手摺りとの間に上半身を挟まれる。

災害で明らかになったミス、エラー

①高所作業車の作業床を移動する場合は、動かす前に周囲や頭上の状態を、声を出して確認しなければならないのに、それをしなかった。作業時の状況にもよるが、確認をしなかった要因には**うっかり、慣れ、省略、懸命ミス**などが考えられる。

②作業指揮者が、全体をよく見渡せる場所で直接作業指揮を行っていなかった。下がり壁に挟まれる危険性に気づかず、高所作業車の操作者に危険を知らせることが出来なかった。

③作業床から挟まれ防止用の棒状のような物を立てるなどの措置がとられていなかった。

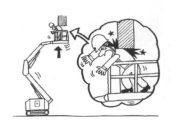

 覚えておきたいポイント

●高所作業車の操作者が作業に**集中しすぎる**と、自分の周りの状況が分からなくなることがあるので要注意です。

●機械による作業での災害防止の急所は〝動き出し〟にあります。操作する前に「ひと呼吸待って」、機械と自分の周りを見渡し、「右ヨシ、左ヨシ、頭上ヨシ、足元ヨシ」と声を出して確認することを習慣（クセ）にしましょう。

　一点に集中しすぎてのミスを防ぐには、**ひと呼吸おいての、声出し確認**が有効です。

事例 体が操作レバーに触れ、アームに挟まれる

発生状況

　土木工事の作業員がミニバックホウ燃料をポリタンクで給油していたが、その手伝いをしようと59歳のオペレーターが運転席から身を乗り出した時、バケット操作レバーに体が触れてしまった。そのためバケットアームが下がり、運転席の天蓋支柱とアームに挟まれ大ケガをした。

災害で明らかになったミス、エラー

①まず挙げられるのは、バックホウのエンジンを切らずに燃料の給油をしたこと。全くの危険軽視、あるいは省略行為だった。

②オペレーターの体がバケット操作レバーに触れてしまったのは、給油の**手伝いにばかりに意識が向き**、つい**うっかりして**レバーがあることを忘れたからだった。

③高齢のオペレーターが年齢的なことを考えずに**無理な姿勢**で乗り出し、レバーに触れたことにも気づかなかった。

覚えておきたいポイント

- ●バックホウのオペレーターが運転席を離れる場合や燃料を給油する場合に、思わぬ災害を招くことがあります。必ず**エンジンを止め、ブレーキをかけ逸走を防止**するようにして下さい。

- ●災害事例のオペレーターが給油の手伝いだけに意識がいってしまったように、**一点に集中して周囲の状況が見えなくなる**ことを「場面行動本能」といいますが、これもミスやエラーを誘う大きな要因です。

作業に熱中し過ぎて周りには目もくれずというのは、仕事に熱心なようで、**危険や安全への意識が留守に**なりがちという面もあります。

事例 玉掛け不良で吊り荷が落下し作業員を直撃

発生状況

　仮設に使用していたH型鋼材をトレーラーに積み込む作業の際、クレーンの能力に余裕があり、たまたま太い玉掛けワイヤーを使っていたこともあって、長さの異なる3本の鋼材を半掛けにして積み込むことにした。しかし、吊り上げて旋回したところ鋼材1本が抜け落ち、旋回範囲外で作業をしていた作業員を直撃し、重傷を負わせた。作業計画では、適切な玉掛けワイヤーと鋼材クランプ2個で、1本ずつ積み込むことになっていた。

災害で明らかになったミス、エラー

①**作業指示を無視**し、その前に使った太いワイヤーを交換する**手間を惜しみ**、3本のH鋼を半掛けにして揚重(ようじゅう)したのが吊り荷落下の要因。この作業方法の選択では、**作業手順の省略**（玉掛

け用具の交換をせず、3回の作業を1回で終わらせようとした)、**危険の軽視**(長さの異なる鋼材の半掛け)が一番の問題点といえる。

②半掛けの鋼材が吊り上げ時に傾いていたことにオペレーターは気づいていたが、合図にただ従って操作した。

覚えておきたいポイント

- 数多い資材を玉掛けする場合、玉掛けワイヤーを絞って吊り上げようとするわけですが、これは非常に危険な作業状況です。**必ず固縛してから玉掛け**しなければいけません。

- この事例では、直前に使用したワイヤーが太くて絞れなかったため半掛けを選択してしまいました。結果的に**省略と近道行為**が災害を起こしています。

- クレーン操作者は、弱い立場の場合が多く「吊り上げの中止や玉掛けのやり直しをいえない」傾向にあるといわれています。そのことも頭に入れておく必要があるでしょう。

| 事例 | 後進中のトラックの後ろを通り挟まれる |

発生状況

現場内の荷捌き所において4tトラック（資材搬入車）が後進中、資材を取りに行くためトラックの後ろを通り抜けようとした作業員が、トラックと建物の外壁に挟まれた。警備員はトラックに徐行するよう合図をしていたが、運転手はそれを無視していた。

災害で明らかになったミス、エラー

①作業員が資材を早く取りに行こうと、**近道**をした。

②作業者が、後進してくるトラックの速度がどれぐらいか、運転手が歩行者に気づいているかなどの**状況を見定めず**に通り抜けようとした。

③トラック運転手が警備員の指示に従わず（徐行せず）、後進先の状況（歩行者の有無）に対す

る注意と確認を怠った。

④警備員が、通行者（作業員）の見えない位置にいて注意できず、通り抜けを止められなかった。

⑤トラックの停止位置を明示するための車止めが設置されていなかった。

覚えておきたいポイント

- 作業員は、資材受け取りを急ぐあまり危険な近道を通ってしまったのかもしれないが、その時「トラック運転手は**きっと**自分に気づいている**だろう**」という気持ちもあったに違いない。

- 一方、運転手の方でも「**まさか**後進するトラックのそばを人が通っている**はずがない**。誰もいないだろう」と考えてバックしていたと思われる。

- この双方の「〜だろう」は、自分だけの「**勝手な思い込み**」であり、そのうえでの近道行動と指示無視であるから、安全意識不在の事故だといえる。

RC腰壁をはつり中に壁が倒れ込み負傷

発生状況

　1階床でRC腰壁（幅 5.5 m、高さ 1.4 m、厚さ 16㎝）を解体のため、Cさんは共同作業者のDさんと2人ではつり作業を行っていた。Dさんが現場を離れた時、Cさんが独断で壁の根元の部分をはつったため、腰壁がDさん側に倒れ込み、ケガをした。この作業については作業手順書が作成されておらず、作業方法の打合せも不十分だったという。

 災害で明らかになったミス、エラー

①朝のミーティング（KY時）に職長が出した**指示を無視**し、**独断で作業**を続けたために作業方法を誤り、被災者本人も思いもよらなかった災害となった。危険軽視の独断だけでなく、作業に関する**安全面での知識に乏しかった**こともう

かがえる。

②その背景要因には、具体的な作業手順書がなく、作業方法の詳細な打合せも行われていないことが挙げられる。

③誤った作業方法となったのも、作業員任せの１人作業となっていたところに原因がありそうだ。

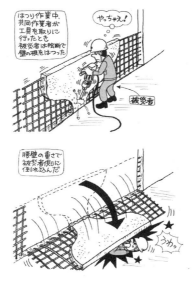

覚えておきたいポイント

- このはつり作業については、職長から朝のミーティング（ＫＹ）時に１人作業を禁じる指示が出ていたということです。しかし、Ｃさんは相方が持ち場を離れている間、**職長の指示を無視**して独断ではつり作業を続けてしまった。しかも**作業方法を誤って**です。

- 思い込みの強い作業員が、自分だけの判断で少しでも作業を進めようとすると災害が発生しがちです。

- **「１人作業禁止」**には、安全施工上の重要な理由があると思って下さい。

| 事例 | 惰性で回転していた丸ノコの刃に触れ切傷 |

発生状況

　Eさんは卓上スライド丸ノコで造作材を切断する作業で、操作していた右手をスイッチから離し、切断部材をどかそうとした。その右手を部材に伸ばした時に刃に近づいてしまい、惰性で回転していた刃に触れて巻き込まれ、手の甲を大きく切ってしまった。Eさんは安全カバーを固定して使っていた。

災害で明らかになったミス、エラー

①安全カバー（ノコ刃接触防止装置）は、常に作動するように確認し、固定したりしないが、切断とは違う動作だったため固定したままにしておいた。その場合の**危険に対する意識が極めて薄かった（危険軽視）**。

②刃が停止していることを確認しないまま、**うっ**

かり刃に手を近づけてしまった。

③丸ノコに関する知識が少なかったために、丸ノコの刃による負傷の大きさが頭になかった（**機械に対する知識不足**）。

覚えておきたいポイント

- 丸ノコの刃は高速で回転します。うっかり手を触れてしまうと重傷を負います。また、刃の回転方向から巻き込まれる恐れがあり、受傷の程度も大きくなります。

- 丸ノコにはブレーキ付きの物と、付いていない物とがありますが、大型（大径）の物ほど止まるのに時間がかかると思って下さい。

- 安全カバーについては、刃先が見えにくいからと紐で縛ったり、くさびで動かなくしてしまう悪い例があるようですが、固定はしないで下さい。

- また、**丸ノコから手を離すのは、必ず刃が停止してから**にしましょう。

事例 内燃機関付きポンプでの排水で一酸化炭素中毒

発生状況

地下ピットに溜まった雨水を排水するためガソリンエンジン付きポンプで作業を2人で開始。水量が多かったため途中で同じポンプをもう1台追加したところ、しばらくして2人とも気分が悪くなりその場に倒れた。昼食に戻ってこない2人の様子を同僚が見に行き、7人で救出しようとしたが、次々と具合が悪くなり、病院で一酸化炭素中毒と診断された。

災害で明らかになったミス、エラー

①ガソリンエンジン付きポンプが一酸化炭素中毒の原因になることを**知らなかった**。

②2台使用すれば早くは排水出来ると、**安直に考えてしまった**。

③現場は**通風が不十分な状態**で、換気装置もな

かった。

④この災害については作業手順書がなく、ピット内における一酸化炭素中毒発生の危険性なども周知されていなかった。これが救出者まで被災する背景要因になっている。

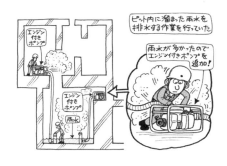

覚えておきたいポイント

- **一酸化炭素は「無味・無臭・無刺激」**のため自分では気づかない場合がほとんどです。大丈夫だろうと思っている人が少なくありません。

- 風通しが悪く内燃機関（ガソリンエンジン）を使っている近くにいて、**頭痛や吐き気をもよおした時は一酸化炭素中毒を疑って**下さい。大半は急性中毒ですが、数日後・数週間後に障害が現れることもあります。

- 中毒で倒れた作業員を助け出すときは、一酸化炭素用防じん機能付き防毒マスクや**空気呼吸器などの保護具を着用**することが必要です。

事例 **3時過ぎから異常な発汗とけいれん（熱中症）**

 発生状況

店舗解体工事現場で作業していたFさんは、午後3時過ぎから異常に汗をかき出し、右足から全身がけいれんするようになり、動けなくなってしまった。それを職長が見つけ、救急車を呼んで病院に搬送し治療を受けたが、そのまま7日間入院となった。

 災害で明らかになったミス、エラー

①外部と遮断された作業場所で、こまめに**休憩を取らずに作業**を続けていた。

②時間に追われ、連続的な肉体労働になっていることへの**警戒心があまりなかった**。

③昼休みに弁当が半分しか食べられず、**水分・塩分を十分にとっていなかった**。

覚えておきたいポイント

●夏場の「熱中症」については、一般の日常生活の中でも予防の方法がアナウンスされています。しかし、いざ作業に入ると、注意事項を忘れてしまいがちです。

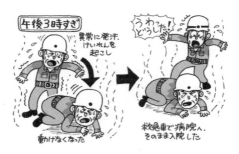

●現場に入る前に欠かせないのは、**作業員各人の健康チェックと、熱中症予防に対する心構えと用心です。**

風邪気味など体調不良ではないか	☐
前日深酒しなかったか （翌日は普段より脱水状態に）	☐
朝食を抜いてないか	☐
寝不足ではないか （寝不足だと注意・集中力が低下）	☐
服装は「通気性、透湿性の良い衣服」を着ているか	☐
水分・塩分を補給する用意はできているか	☐

●熱中症に伴う症状は、**「めまい、失神、筋肉痛、筋肉硬直、大量の発汗、頭痛、吐き気、嘔吐、だるさ、意識障害、けいれん、手足の運動失調」**などです。**異常を感じたら、迷わず、すぐに休みましょう。**

よくあるヒヤリ・ハット例

◇型枠材を下の階から開口部を利用して揚げる作業で、型枠材の整理をして振り返った時、墜落しそうになった。

◇外装用外部足場の解体作業で、枠組み足場材をロープを使って降ろそうとしてバランスをくずし、落ちかけた。

◇バックホウによる土砂掘削作業で、掘削した土砂を積み込み旋回しようとした時、旋回方向に作業員がいたので急ブレーキをかけたところ、バケットの石が落ち、作業員に当たりそうになった。

◇マンションサッシの搬入作業中、段差部分の渡りに

仮設してあった足場板に足をかけた時、板のすき間に足が挟まり転倒しかけた。

◇丸ノコを使ってフローリング材の切断をする作業で、中腰で材料を持ったまま切断した時、丸ノコで太腿を切りそうになった。

◇地中梁の鉄筋受け架台を固定する作業で、小雨の降る中、アングル材の端を溶接しようとした時、架台を押さえていた作業員が感電しかけた。

◇地下ピット内配管作業で、作業を開始しようとタラップを降り始めたとき息苦しくなり、酸素濃度測定をしていないことに気づいた。

◇厨房床の防塵塗装剥ぎ取り作業で、区画された室内でエンジン式床研磨機を使用していて、気分が悪くなった。

accident prevention

ミスやエラーをしてしまうパターン

　労働災害やヒヤリ・ハットなどの事例を見ていると、ミスやエラーをしてしまう原因や要因は、いくつかの(しかし、様ざまな)パターンがあることが分かります。

　発生頻度の多いものを中心に挙げてみましょう。

■エラーにつながる 20 の原因・要因■

① 危険を軽く見ていて、知らぬうちに危ない動作や行動をしてしまう。

② 慣れているので、とくに警戒するわけでもなく、気軽な気持ちで作業をしてしまう。

③ 作業手順書にない間違った方法でも、集団の中では習慣になっているため疑いなく行ってしまう。

④ 作業方法をよく知らなかったり、中途半端にしか分からないままで作業をする。

⑤ 作業経験が浅く、技能的にも未熟で危なっかしい状態で作業をする。

⑥ 面倒なことはしたくない、しないで済ませたいという気持ちから、つい楽な方法や行動を選ぶ。

⑦ 時間や手間をかけたくなくて、手抜きをしてしまう。

⑧ 見間違い、聞き違い、勘違いなど、錯覚に気づかないままで行動する。

⑨ 自分の思い込みを疑わずに、誤った動きをする。

⑩ 言葉の意味を間違って受け取ってしまう。

⑪ ひとつの事にだけ集中し過ぎて、周りの状況に意識が回らない状態で作業する。

⑫ 周囲が見えない、状況の変化に気づかない状態で作業する。

⑬ 身体の機能（視覚、聴覚、平衡感覚、体力、運動力、敏捷性など）の低下・衰えを本人が自覚せず、身体能力以上の作業をしてしまう。

⑭ いつもは簡単にこなせていた作業が、難しくなっている。

⑮ 単調な同じ作業の繰り返しによって、作業に対する意識の働き（集中力）が少しずつ鈍くなり、注意力も低下する。

⑯ 予想外の出来事があり、とっさにどうしていいか判断が出来なくなってしまう。

⑰ 突然のトラブル発生で、パニック状態になり、冷静に行動出来なくなる。

⑱ 二日酔いなど、ふだんと違う体調のまま、作業についてしまう。

⑲ 病気や高血圧を隠して、無理に作業をしてしまう。

⑳ 仕事や私生活でのストレスや心配事を抱えたまま作業に入り、それが頭から離れないでいる。

■作業員の心理状態が招くミス■

懸命ミス	作業の中断を嫌って起こしてしまうミス。仕事に忠実で熱心すぎるベテランの作業員が、メンツにこだわって手を休めない場合もある。
確信ミス	経験に頼りすぎたり、自分の作業方法が良いと確信して疑わず、異常や間違いに気づかないでいてしまう時に起こるミス。
焦燥ミス	作業が遅れたり、予定通り（思い通り）にいかない時の焦りによる判断のミスや、思わず危険な行動をしてしまうことでのミス。
不安ミス	知らない、やったことがない初めての作業に対する不安や迷いが強い時、自信のなさが引き起こしてしまうミス。
多忙ミス	忙しいあまり、注意が鈍ったり、イライラ感がつもって引き起こしてしまうミス。

放心ミス	作業以外のことを考えていたり気を取られていて、集中心や緊張感がなくなった状態でのミス。
健康への過信・無関心ミス	少しぐらい体の調子がおかしくても平気とか、健康に関心を持たないでいるときに、思いがけなく発生するミス。
感情ミス	喜怒哀楽の中でも、何かに腹を立てていたり、怒って興奮している時というのは、情報処理や判断力を狂わせ、ミスをしてしまいがちになる。

■個人の性格的な特徴も影響する■

　仕事や日常生活の中でのミスやエラーを防ごうとする場合、自分自身の性格や行動の特徴、あるいは傾向を知っておくことも大切です。自分では案外気づかないところが多いものです。

・せっかちで、じっとしているのが苦手

・考え方が大ざっぱ

・おっちょこちょい

・自分勝手

・怒りっぽい

・何事にも消極的

・気が弱くて、自分からものを言い出せない

・何をするにも人まかせ

・のんびり屋

ここに挙げたのは、ほんの一例です。このほかにど
んな特徴があるか、一度振り返ってみて下さい。

（次のページに「エラー度チェック２０」を載せて
ありますのでお試し下さい）

■エラー度チェック２０■

（労働新聞社刊「これでミスやミスやエラーは防げる‼」P.32-34 掲載）

★「イエス」の数がいくつありますか？

①	この現場に来てから、まだ７日以内	☐
②	この職種の経験年数は、まだ１年未満	☐
③	自分の年齢は、60 歳以上	☐
④	昨日の睡眠時間は、６時間未満	☐
⑤	飲み過ぎや食べ過ぎで、今日は体調が良くない	☐
⑥	最近、疲れがなかなか取れない	☐
⑦	緊張して手に汗をかいたり、鼓動が早くなったりすることがある	☐
⑧	身のまわりのことで、心配ごとがある	☐
⑨	仕事中に他のことを考えるときがよくある	☐
⑩	朝礼での注意事項を、あまり覚えていない	☐
⑪	朝のラジオ体操を、一生懸命やらなかった	☐
⑫	体力と運動神経には自信があるので、自分は事故を起こさないと思っている	☐

⑬　仕事の速さで、人に負けたくない　　　　□

⑭　いつもやっていることだから、ケガをする　□
　　ことはないと思う

⑮　危険な場所であっても、みんなが通ってい　□
　　れば自分も通る

⑯　移動するときに、ついつい近道を通る　　　□

⑰　不安全行動を見ても、注意しない　　　　　□

⑱　仕事に集中すると、まわりが見えなくなる　□

⑲　休憩時間に職長や仲間と、必要以上に話す　□
　　ことはない

⑳　今の仕事（職種）は、自分にあまり向いて　□
　　ないと思うことがある

◆「イエスの数」と「事故に遭う確率」は次のとお
　りです。

- 5 個未満　……………………　20%

- 5 個以上 10 個未満 ………　40%

- 10 個以上 15 個未満　……　60%

- 15 個以上 20 個未満　……　80%

accident prevention

どうしたらミスやエラーを防げるか

決められたルールや手順を守って作業しよう

作業手順

よく「ものには順序が…」と言います。何ごとも当てずっぽうにやってはいけない、思いつきや勘だけに頼って、いきなり事を進めるとしくじったりするということを、多くの人が経験的に知っているからでしょうか。

〝ものづくり〟ともなると、なおさら「手順を踏む」ことが大事になります。建設現場に限らず「作業手順」が重視される理由は、そこに**事故や災害を防ぐ**意味が込められ、**「準備から後始末まで」の正しい作業の仕方**が、具体的に示されているからです。

「品質の良いものづくり」と「安全施工」に取り組むうえで、「作業手順は絶対のルール」と思って下さい。

その内容を頭に入れて順守・実行することは「**知識不足、経験不足からくるミスやエラーをなくします**」。

施工現場での安全活動への積極的な参加を

危険予知活動、ヒヤリ・ハット報告、その他

建設現場で行う災害防止のための活動にはいろいろなものがあります。

それらは、実際の作業に就いている仲間同士で安全への意識を高め、危険を避けるための工夫やヒヤリ体験を含めた様々な出来事について話し合い、安全に関する情報と考え方を共有する活動です。

皆さんご存知のように、不安全な行動を防ぐ主な活動には「**作業グループごとのＫＹミーティング**」「**ヒヤリ・ハット報告**」「**健康ＫＹ**」のほか、「**始業前点検**」「**４Ｓ活動**」、「**一声かけ運動**」などがあります。

こうした活動は、**自分ひとりでは気づきにくい危険性や有害性に意識を向けさせる**だけでなく、お互いに注意し合うことで**「危険軽視や慣れ、好ましくない作業習慣、手順無視などにブレーキをかける」**ことになります。

一人ひとりに実践してもらいたいエラー防止法

1人KY

　今、建設業ではヒューマンエラーをなくすために、現場に出てからの作業員自身による「1人KY」の実行をさかんに呼びかけています。

　これは、これから取りかかる作業について「ケガにつながるような危険な箇所はないか」「どんな災害が予想されるか」「自分に、災害を招きかねない悪い作業癖がないか」「それを避けるにはどうすればいいか」——等々を、短時間のうちに「自問自答」してもらうものです。

例えば、そこで作業をする時、

「・落ちることはないか

　　・転ばないか

　　・挟まれないか

　　・ぶつかることはないか

　　・腰を痛めないか

　　・物を落とさないか……」

と自分に聞いてみるわけです。

　また、自分に対しては、

「・１人よがりの危ない作業をしていないか

　　・作業を面倒くさがっていないか

　　・ボヤっとしていないか

　　・気を抜いて作業をしようとしていないか

　　・疲れているのをガマンしていないか

　　・イライラ、ムシャクシャしていないか

　　・不安なまま作業をしようとしていないか……」

などと問いかけ、どうすれば良いかを考えるわけです。

この、1人KYでの自問自答は、「転ばぬ先の杖」だと思って習慣づけましょう。

「気のゆるみ、近道・省略行動、焦り、危険軽視、放心状態などをはじめとするエラー要因をセーブする」のに効果的です。

指差呼称

指差呼称は「○○○○ヨシ！」と声に出して安全を確認するだけでなく、ひと呼吸おいて指を差しながら、呼称することによって**「本人の意識をはっきりさせ、冷静にものを見たり、判断する」**状態をつくれます。

とくに予想外のトラブルや突発的な状況に直面した時、あるいは非定常作業に取り組まなければならない場合などは、この動作を伴った手法が有効です。

また、**「ふだんとは違う心理状態（焦ったり、慌てたりしての動揺）を抑え」**、**「油断やうっかり、勘違いに気づかせる」**ことにもなります。

指差呼称は、「**それをした場合のミスの発生率は、何もしないときの６分の１**」、「**行動の正確さが３倍」になる**ともいわれています。

※人によっては声を出すのが恥ずかしい、照れくさいといったりしますが、動作に慣れて身に付くと自然に声も出てくるものです。

朝の体操、疲労回復ストレッチ

建設現場での仕事は、肉体労働が主です。良好な体調と体力があってこその〝ものづくり〟です。

それだけに「**健康体の維持**」は、仕事をとどこおり

なくスムーズに行う上で絶対に必要な条件であるといえます。

その健康体の維持には**「朝・昼・晩の食事をきちんととり」**、**「1日に30種類の食物を食べ」**、**「疲労回復のための軽い運動を習慣づけ」**、**「8時間の睡眠を心がける」**ことが大事だとされています。

「バランスの取れた栄養」、**「適度な運動」**、**「十分な睡眠と休養」**を忘れないで下さい。

また、肉体労働をこなすうえでは**「自分の身体能力（敏捷性、平衡感覚、腕力、脚力とか）を知っておく」**ことも大切です。能力以上の無理な作業、相当負担に感じるきつい作業をつづけると、体のあちこちが悲鳴を上げてダウンしてしまいます。

朝の体操は、「体ならし」と「身体と意識の目覚まし」に効果があります。

■疲労回復のためのストレッチ

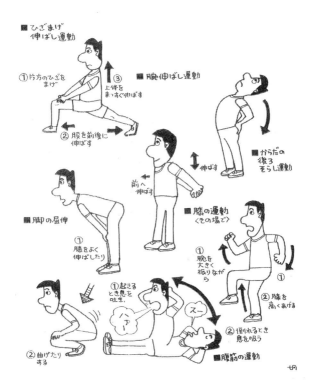

accident prevention

〝忠告・教訓〟となる「ことわざ」をちょっと

「君子危うきに近寄らず」

賢い人間は、危険な物事や場所には近づかず、無用な災難に遭わないようにするという意味ですが、危険のなかには〝危なっかしい行動や動作〟も含まれます。

「危ない事は怪我のうち」

危険とケガは隣り合わせ。危ない事象にはケガが潜んでいます。ヒヤリ・ハットには、たまたま運よく死傷せずにすんだだけという事例がずい分あります。

「灯台下暗し」

自分の足元、身近なところ様子には意外と気が回らないものです。足元にある物が目に入らず、つまずき転倒しての災害が、想像以上に多く発生しています。

「一災起これば二災起こる」

〝一度あることは二度、三度〟とも。事故や災害には立て続けに起こるケースもありますから要警戒です。

「自覚しない失敗は最悪」

失敗してしまったのは仕方ないとしても、その間違いがなぜ生まれたのかをよ～く考え、同じ誤りを二度としない気持ちで経験を活かさないと、ミスをくり返すことになります。

「生兵法は大怪我のもと」

生兵法（生半可な知識や技能）で作業に就くと、とんでもないポカをやらかしかたり、痛い目にあいかねません。とくに安全な作業手順はしっかり頭に！です。

「のど元過ぎれば熱さ忘れる」

熱い食べ物も、のど元を過ぎて腹に入れば熱さを感じなくなるという意味ですが、周囲で発生した災害は記憶にとどめて、忘れずにいたいものです。

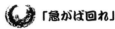
「急がば回れ」

〝急(せ)いては事を仕損じる〟と同じですが、焦ったり、慌てたり、面倒がったりしての省略があると、「手抜き、近道は事故のもと」になりかねません。

「猿も木から落ちる」

木登り上手な猿でさえ、たまには足を踏み外して転落することがあります。得意技がかえって油断になることもあるから気をつけろということでしょうか。高所作業に慣れたベテランにこんなことがあると、命取りになります。

「鹿を追う者は山を見ず」

目先の作業に夢中になると、危険な箇所や状況の変化に気づかなくなります。仕事熱心なあまり、一つの事に気持ちが傾き過ぎるきらいが自分にないか、一度振り返ってみて下さい。

「転ばぬ先の杖」

何かにつまずいて転ばぬよう、前もって杖を用意し、それを使うこと。事前の用心と準備が肝心だというわけで、作業時の保護具着用も万が一への備えです。

「段取り八分」

　改めて説明するまでもないでしょうが、段取りは「仕事がうまく運ぶよう、仕事に入る前に手順を整え、必要な工具を用意するなど、いつでも作業にかかれるようにしておくこと」です。「よく準備してから戦いに臨めば、半ば勝ったも同じ」という言葉もあります。

「用心にケガなし」

　現場での災害に用心しての活動手法には「危険予知（ＫＹ）」があります。作業に潜む危険を拾い出し、それを意識しながらの安全作業であればケガなし、です。

「腹が減っては戦ができぬ」

　空きっ腹では気合が入らず、すぐ疲れてしまい、動きも鈍くなります。力仕事は「朝食を欠かさず」から始まります。

　　※ことわざの選択・説明に当たっては、労働新聞社刊「ことわざ・
　　　格言にならう安全衛生訓話」（末松清志著）を参考にしました。

accident prevention

自分と仲間たちの身を守るために

「人間はミスを犯す動物」と言われています。それはそれで一面の真理をついているのでしょうが、ひと口に「ミスを犯す」といっても、事の大小や内容によりけりです。

この小冊子のはじめに、建設業では労働災害による死傷者が年間1万4000人近く出ていることに触れました。これは休業4日以上の負傷者、あるいは生命を失くしてしまった人たちの数です。その災害の大半は、思いもよらないミスとか考えられないエラー（不安全行動）がもとで発生しています。これは、いただけません。

しかし、「誰でもミスを…」と思いつつも、「自分だけは、そんなヘマは…」と被災を予想や想像の外に置いているのが大方の正直な気持ちとか心理だとしたら、そこに油断や危険感覚のにぶりが生じ、災害が忍

58

び寄ってくるもとになります。

　本冊子は、そうした危なっかしい情況にスポットを当て、現場作業に従事する皆さんに読んでいただくことを念頭に置き、建設業界の安全担当者の研究成果を参考に「ミスとエラーの防止」についてまとめたものです。

　その中のいくつかに目を止めて**「自分と仲間の身を守るために〝明日からはこれを無くそう〟〝これを実行しよう、試してみよう〟」**という気持ちになっていただけたら幸いです。

「ご安全に！」

これでミスやエラーは防げる!! ②
－不安全行動にストップをかける「知恵と工夫」－

労働新聞社　編

平成 30 年 5 月 28 日　　初版

発 行 所　株式会社労働新聞社
　　　　　〒 173-0022 東京都板橋区仲町 29 － 9
　　　　　TEL：03（3956）3151　FAX：03（3956）1611
　　　　　https://www.rodo.co.jp　　pub@rodo.co.jp
印　　刷　株式会社ビーワイエス

ISBN978-4-89761-704-6

乱丁本・落丁本はお取替えいたします。
本書の一部あるいは全部について著作者から文書による承諾を得ずにいかなる方法においても無断で転載・複写・複製することは固く禁じられています。